Paco Javier Fernández

Aves comunes
de la Vega del río Cubia

Ayuntamiento de
Grado/Grau

2025

COMPAGINACIÓN Y CUBIERTA: OLAYA GARCÍA
© Paco Javier Fernández
Foto de cubierta: Eduardo Blanco
© de esta edición, Ayuntamiento de Grado
www.krkediciones.com
ISBN: 978-84-8367-854-1
D.L.: AS-445-2025
Grafinsa. Oviedo

Índice

Si los hombres no les tiraran piedras,
me gustaría ser pájaro,
aunque si no les tiraran piedras
me gustaría ser hombre.

PRÓLOGO

José Luis Trabanco González
Alcalde de Grado/Grau

Una guía de aves es una referencia imprescindible para cualquier amante de la ornitología y de la observación de aves. Nos proporciona la información necesaria para identificar las aves en cualquier época, facilitando la observación y el estudio, tanto para principiantes como para expertos, así como para darnos a conocer a esas especies que con sus trinos nos acompañan en nuestros paseos.

Nos sirve, además, para que nuestros pequeños se adentren en este mundo, tan maravilloso como desconocido, y puedan tener referencia suficiente para conocer las distintas especies que nos rodean, con la esperanza de que en el futuro aprendan a valorarlas y a ser conscientes del bien que nos hacen.

En Grado tenemos un entorno privilegiado para la observación, solo tenemos que dar un paseo por nuestro parque fluvial, sentarnos, esperar... y escuchar.

Ver a un martín pescador zambullirse dentro del agua para salir con un pez y colocarse en cualquier rama a tomarse su tentempié, no tiene precio. Es un deleite para la vista escuchar los cánticos de cualquier jilguero que, con un plumaje espectacular, nos anuncia el inicio de la primavera. O, lo más difícil, y para ello hay que tener suerte, escuchar al ruiseñor que es considerado el Pavarotti de la naturaleza.

Quien haya tenido el privilegio de ver el proceso de construcción de un nido por parte de una pareja de oropéndolas se dará cuenta del arquitecto perfecto que llevan dentro, cómo son capaces de construir, rama a rama, de coser y tejer, de una manera prodigiosa, la casa donde van sacar adelante a su prole.

Ver a cualquiera de las aves sacar adelante su nidada con ambos padres dándoles de comer, es un espectáculo gratuito y público, eso sí, desde la distancia sin entrometernos en su espacio y mucho menos tocar su entorno.

Y estas líneas finales no podían hacer referencia sino al autor de esta guía, Francisco Javier Fernández Fernández, *Paco*, moscón de pura cepa que lleva toda su vida dedicada al estudio de estos pequeños animales, cuenta con amplia experiencia en el anillamiento científico de aves y es una voz experta en el campo de la ornitología.

Mucha gente no lo sabe, pero su pasión por las aves y sus horas de observación, le llevaron a esbozar en sus cuadernos siluetas de pájaros y, poco a poco, a base de perseverancia, acabó haciendo verdaderas obras de arte como los dibujos que podrán ver más adelante.

Esta guía es una necesidad para nuestro concejo y seguro que será una referencia tanto dentro como fuera de él. ¡Disfrútenla!

INTRODUCCIÓN Paco Javier Fernández

Esta guía pretende ser una pequeña ayuda para aquellos ciudadanos interesados en distinguir la avifauna que observan en sus paseos por la vega del Cubia. También aspira a conseguir que aquellos a quienes no les interesa tanto no sólo miren al suelo y descubran lo que les rodea.

El territorio que abarca va desde la Granja hasta el puente de Peñaflor.

El tamaño de las aves es la distancia aproximada desde la punta del pico hasta la punta de la cola.

Los colores de los dibujos pueden diferir al compararlos en el campo con los reales en cada momento, debido a los distintos estados de la luz natural.

La observación mejora, como es natural, con la ayuda de unos prismáticos.

Vega del Cubia,
olor a primavera
y nacimientos.

Vega del Cubia,
aumentan los calores.
revoloteos.

Vega del Cubia,
regresa el otoño
e invernantes.

Vega del Cubia,
vuelven espesas nieblas,
desesperación.

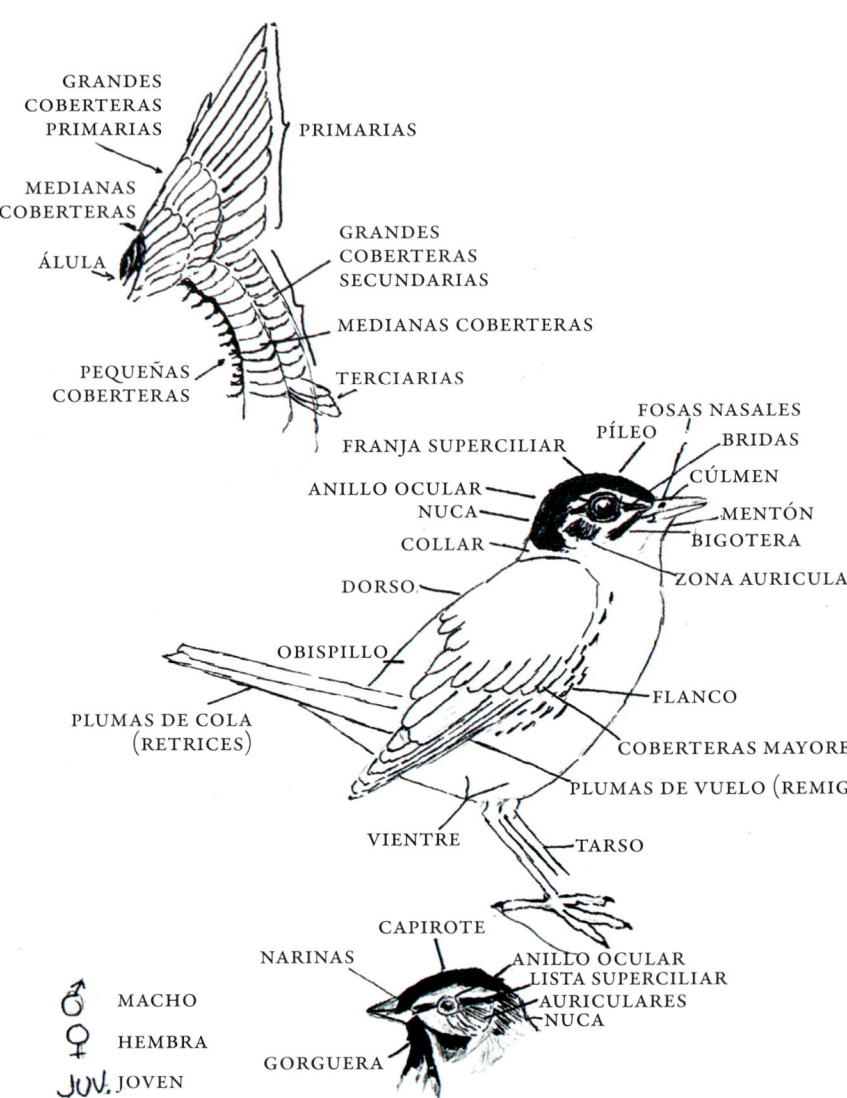

GRANDES COBERTERAS PRIMARIAS

PRIMARIAS

MEDIANAS COBERTERAS

ÁLULA

GRANDES COBERTERAS SECUNDARIAS

MEDIANAS COBERTERAS

PEQUEÑAS COBERTERAS

TERCIARIAS

FOSAS NASALES

PÍLEO

BRIDAS

FRANJA SUPERCILIAR

CÚLMEN

ANILLO OCULAR

NUCA

MENTÓN

COLLAR

BIGOTERA

ZONA AURICULA

DORSO

OBISPILLO

FLANCO

PLUMAS DE COLA (RETRICES)

COBERTERAS MAYORE

PLUMAS DE VUELO (REMIG

VIENTRE

TARSO

CAPIROTE

NARINAS

ANILLO OCULAR
LISTA SUPERCILIAR
AURICULARES
NUCA

GORGUERA

♂ MACHO

♀ HEMBRA

JUV. JOVEN

NOMBRE CIENTÍFICO: *Phasianus colchicus*, del latín *phasianus*, faisán y de *Cholchis*, país antiguo a orillas del mar Negro (actual Georgia) en el que los argonautas encontraron a estas aves.

NOMBRE VERNÁCULO: Faisán.

COMÚN. Ave mucho mayor que la perdiz. Especie originaria del sur de Asia introducida para fines cinegéticos por los antiguos romanos. Tienen un marcado dimorfismo sexual, pues el macho es más grande, tiene el plumaje pardo-rojizo punteado de negro y cabeza también negra en la que destaca una carúncula roja. La hembra es de color beige leonado con manchas. Ambos tienen la cola larga. Se puede ver fácilmente en la vega de Peñaflor.

2. Ánade real

NOMBRE CIENTÍFICO: *Anas platyrhynchos.* Del latín *anas*, pato y del griego *platurhunkhos*, pico ancho.

NOMBRE VERNÁCULO: Azulón.

COMÚN. Es el pato de superficie más abundante. El macho tiene la cabeza de color verde oscuro separada del cuerpo por una franja estrecha blanca, pico amarillo, patas naranja-rojizas y cola negra y blanca. La hembra es más apagada, pardo jaspeado, pecho con motas y pico amarillento con manchas oscuras. Ambos con espejuelo azul, Se puede ver durante todo el año.

3. Paloma bravía

NOMBRE CIENTÍFICO: *Columba livia*, del latín *columba*, paloma y *liveus*, gris azulado.

NOMBRE VERNÁCULO: Palomba.

COMÚN. Son las antepasadas de las palomas domésticas, con las que se siguen cruzando; las que vemos son las domésticas, pues las bravías ocupan otro entorno ecológico distinto, crían en acantilados y zonas rocosas mientras que las domésticas lo hacen en edificios urbanos. Debido a los cruces, las urbanas tienen infinidad de plumajes distintos, aunque algunas se asemejan mucho a la especie primigenia.

4. Paloma torcaz

NOMBRE CIENTÍFICO: *Columba palumbus*, del latín *Columba*, paloma y *palumbes*, paloma torcaz.

NOMBRE VERNÁCULO: Torcaz.

COMÚN. De tamaño algo más grande y rollizo que la doméstica. Plumaje gris azulado teñido de granate en el pecho con una marcada mancha blanca en los lados del cuello con irisaciones verdes. Mancha blanca visible en vuelo. Sexos iguales en plumaje. Abundante, se la puede ver todo el año.

5. Tórtola turca

NOMBRE CIENTÍFICO: *Streptopelia decaocto*, del griego *streptos*, collar y *pelia*, paloma y del latín *deca*, diez y *octo*, ocho; por Decaocto, sirvienta que fue convertida en tórtola por negarse a pagar un tributo de 18 monedas.

MEDIO. Tórtola de plumaje arenoso con una banda estrecha negra con bordes blancos sobre el cuello. Esclerótica del ojo granate. Abundante sobre todo en parques, jardines y cementerios. Su colonización de la península ibérica comenzó desde Asturias en el año 1960. Sedentaria.

6. Vencejo común

NOMBRE CIENTÍFICO: *Apus apus*, del latín *apus*, especie de golondrina sin patas.

NOMBRE VERNÁCULO: Andarinón.

MEDIO. Ave de largas y afiladas alas como guadañas y cola ahorquillada de color uniforme marrón muy oscuro y alas un poco más pálidas y garganta blanquecina. Desde hace años su población en Grado desciende constantemente. Estival.

7. Gaviota patiamarilla

NOMBRE CIENTÍFICO: *Larus cachinnans*, del griego *larus*, ave marina y del latín *cachinnans*, alegre, contento, risueño.

COMÚN. Gaviota de tamaño medio con las partes superiores gris claro y las patas amarillas, cabeza y resto del cuerpo blanco; el plumaje de invierno toma un color sucio en la nuca y cerca de los ojos. Sedentaria.

8. Cormorán grande

NOMBRE CIENTÍFICO: *Phalacocrorax carbo.* Del latín *phlalacocorax,* cormorán y de *carbo,* de carbón, negro.

NOMBRE VERNÁCULO:

COMÚN. De tamaño grande, buceador, el adulto es de color negro brillante con iridiscencias verdosa en el cuello y bronce en el dorso. Cuello largo y sinuoso y pico ganchudo. Machos y hembras iguales en plumaje. Los jóvenes tienen el pecho blanquecino que se va oscureciendo con la edad. Sedentaria.

JUV.

9. Garceta común

NOMBRE CIENTÍFICO: *Egretta garzetta*, del francés *aigrette*, garza pequeña y del italiano *garzetta*, pequeña garza.

NOMBRE VERNÁCULO: Garza blanca.

ESCASO. Garza de mediano tamaño con el pico negro, patas negras con calcetines amarillos y plumaje blanco. Está presente todo el año, aunque es más abundante entre los meses de septiembre a marzo. Migradora abundante.

10. Garza real

NOMBRE CIENTÍFICO: *Ardea cinérea.* Del latín *ardea*, garza y *cinereus*, ceniciento.

NOMBRE VERNÁCULO: Garza.

COMÚN. Garza de gran tamaño de patas y cuello largos, plumaje de color ceniza azulado suave. Los adultos tienen la cabeza blanca con una banda negra desde el ojo hasta la nuca. Patas y pico amarillo verdoso, rojizas en época de cría. Presente sobre todo de septiembre a marzo.

11. Busardo ratonero

NOMBRE CIENTÍFICO: *Buteo buteo*, del latín *buteo*, ratonero.

NOMBRE VERNÁCULO: Pardón.

COMÚN. Ave rapaz de mediano tamaño y cuerpo rechoncho. Plumaje variable desde totalmente oscuro a más claro, aunque el plumaje estándar es oscuro en cabeza, garganta y lados con mancha blanquecina en pecho y vientre, tanto alas como cola con barras blanquinegras. Es sedentario abundante. No confundir en época de reproducción con el halcón abejero (*Pernis apivorus*) del que se diferencia por tener este la cabeza más pequeña, puntiaguda y gris, jaspeada de blanco. Barreado de pecho y flancos más anchos y en vuelo por franjas oscuras más marcada y anchas en primarias y plumas inferiores de la cola. Estival abundante.

ABEJERO

RATONERO

12. Milano negro

NOMBRE CIENTÍFICO: *Milvus migrans*, del latín *milvus*, milano, y de *migrans*, migrador, migrante.

NOMBRE VERNÁCULO: Milano.

MEDIO. Rapaz mediana oscura con un toque rojizo por debajo y cabeza más clara (gris barrada). Cola ligeramente ahorquillada (cola de milano), planeadora. Estival en aumento (marzo-septiembre).

13. Martín pescador

NOMBRE CIENTÍFICO: *Alcedo attis*, del latín alcedo, y *atthis*, de Atthis, mujer de Lesbos, favorita de Safo.

NOMBRE VERNÁCULO: Martín.

MEDIO. Pequeño de cuerpo corto y pico largo negro con base rojiza, más extensa en las hembras, partes superiores azul cobalto, pecho anaranjado y obispillo azul turquesa. Garganta blanca y mancha también blanca a los lados del cuello. Residente todo el año con aumento de la población con invernantes.

14. Pito real

NOMBRE CIENTÍFICO: *Picus viridis.* Del latín *picus*, pájaro carpintero y *viridis*, verde.

NOMBRE VERNÁCULO: Picatuero.

MEDIO. Carpintero de color verde en el dorso, salvo el obispillo, que es amarillento, con partes inferiores pardo grisáceas. Bigotera roja rodeada de negro, parte superior de la cabeza y nuca rojo punteado de blanco. Sedentario.

NOMBRE CIENTÍFICO: *Dendrocopos minor*, del griego *dendron*, árbol
y *kopos*, sacudidor, batidor.

NOMBRE VERNÁCULO: Carpintero.

ESCASO. Algo más pequeño que el pito real. El macho con bigotera negra que se une a un ancho collar negro, píleo negro con
mancha roja en la parte posterior del cuello, vientre rojo y una
gran mancha blanca en el hombro . Hembra sin mancha roja en
la parte posterior. A los jóvenes de ambos sexos se les extiende
la mancha roja hasta la frente. Sedentario.

16. Cernícalo vulgar

NOMBRE CIENTÍFICO: *Falco tinnunculus*, del latín *falco*, halcón y de *tinnulus*, ruido estridente (por el reclamo).

NOMBRE VERNÁCULO: Peñerina.

ESCASO. Halcón de mediano tamaño. Macho con partes superiores rojizas moteadas de negro, bigotera marcada y moteado por las partes inferiores de color beige claro. Hembra más barreada por la espalda y más moteada por pecho y vientre. Caza cerniéndose, parándose en el aire. Sedentario.

NOMBRE CIENTÍFICO: *Falco peregrinus*, de *falco*, halcón y *peregrinus*, viajero, peregrino.

NOMBRE VERNÁCULO: Ferre.

ESCASO. El halcón de mayor tamaño, fuerte de alas largas, cabeza negra con bigoteras de igual color, dorso gris pizarra oscuro, partes inferiores barradas de negro, pecho blanquecino. Los machos son más pequeños y corpulentos que las hembras, con alas más estrechas y más cabezones. Se puede ver en la peña de Peñaflor en la parte de Candamo.

18. Oropéndola

NOMBRE CIENTÍFICO: *Oriolus oriolus*, del latín *aureolus*, dorado.

NOMBRE VERNÁCULO: Oropéndola.

ESCASO. Ave del tamaño de un estornino. Macho amarillo con
ala, cola y bridas negras y pico rojo. Hembra con plumaje verdoso, alas oscuras salvo las terciarias amarillento-oliva. Bridas
grisáceas. Estival (marzo septiembre).

19. Alcaudón dorsirrojo

NOMBRE CIENTÍFICO: *Lanius collirio*, del latín *lanius*, carnicero, y del griego *kollurion*, pájaro mencionado por Aristóteles.

NOMBRE VERNÁCULO: Alcaudón.

ESCASO. Pajaro de mediano tamaño, macho con cabeza grisácea con antifaz negro, espalda de color rojizo, cola gris y pico negro. Hembra con espalda castaño y mancha oscura en auriculares, partes inferiores blanquecina con barreado suave en garganta y flancos. Jóvenes con plumaje más apagado que las hembras, Estival muy escaso. Hace dos años criaba en la vega Peñaflor, prados del cementerio junto al río del Rodaco y prao Sala, donde no se los ha vuelto a ver.

20. Arrendajo común

NOMBRE CIENTÍFICO: *Garrulus glandarius*, del latín *garrulus*, garrulo, charlatán, y de *glandis*, bellota.

NOMBRE VERNÁCULO: Glayo.

COMÚN. Del tamaño de una paloma. Dorso beige rosado, alas oscuras con coberteras azules barradas de negro y blanco, cola negra, píleo moteado y bigotera negra. Sexos iguales. Sedentario abundante.

NOMBRE CIENTÍFICO: *Corvus corone*, del latín *corvus*, cuervo, y del griego *korone*, cuervo.

NOMBRE VERNÁCULO: Cuervo.

COMÚN. Cuervo de tamaño grande, alas cortas y cola cuadrada. Color negro con irisaciones violetas y verdes muy tenues, ambos sexos iguales. Se diferencia sobre todo del cuervo (*Corvux corax*) por el tamaño más pequeño y por el pico menos robusto. Sedentario y muy abundante.

22. Urraca

NOMBRE CIENTÍFICO: *Pica pica*, del latín, *pica*, urraca.

NOMBRE VERNÁCULO: **Pega.**

COMÚN. Córvido de colores blancos y negros e irisaciones verdes y azuladas, con blanco en los lados y el vientre. Cola larga escalonada de color negro verdoso. Sedentaria y muy abundante.

NOMBRE CIENTÍFICO: *Parus major*, del latín *parus*, paro, y *maior*, el más grande.

NOMBRE VERNÁCULO: Veranín.

COMÚN. El mayor de los páridos. Cabeza negra con auriculares blancas, cola oscura con plumas externa blancas, banda negra desde el centro del pecho hasta el bajo vientre en los machos y más corta en las hembras. Partes inferiores amarillas, espalda pardo verdoso y alas azuladas. Sedentario y muy abundante.

24. Herrerillo común

NOMBRE CIENTÍFICO: *Cyanistes caeruleus*, del griego *kuanos*, azul oscuro, y del latín *caeruleum*, azul grisáceo.

NOMBRE VERNÁCULO: Veranín.

COMÚN. Más pequeño que el carbonero, al que se asemeja por cuerpo amarillo, dorso verdoso y alas azuladas; la banda negra del pecho es más corta y menos ancha. Píleo azul, rostro blanco atravesado por lista ocular negra. La hembra, muy parecida al macho. Sedentario y muy abundante.

NOMBRE CIENTÍFICO: *Delichon urbica*, anagrama del griego *kheli-don*, golondrina, y del latín *urbicus*, urbano.

NOMBRE VERNÁCULO: Golondrina.

COMÚN. La golondrina más rechoncha y robusta. Plumaje oscuro azulado, partes inferiores, cara y collar blanco. Es la única golondrina con el obispillo blanco conspicuo. Cría el los aleros de los tejados y su población ha descendido en los últimos años.

26. Avión roquero

NOMBRE CIENTÍFICO: *Ptyonoprogne rupestris.* Del griego *ptuon*, abanico y *progne*, golondrina (tragedia de Progne Philomela) y del latín *rupestris*, roca, montaraz.

NOMBRE VERNÁCULO: Golondrina monte.

MEDIO. Tamaño medio, plumaje marrón oscuro por el dorso y grisáceo por el vientre, y pintas blancas conspicuas en la parte baja de la cola. Reproductor residente en la vega del río Cubia. Cría en la peña de Peñaflor, en la margen derecha del Nalón.

27. Avión zapador

NOMBRE CIENTÍFICO: *riparia riparia*, del latín *ripa*, ribera de río (que cría en la ribera de los ríos).

NOMBRE VERNÁCULO: Golondrinina.

ESCASO. Es la golondrina de menor tamaño, de color marrón en partes superiores con collar que cruza el cuello y lo separa del vientre, partes inferiores blancas. Sexos iguales. Estival. En la vega ha criado en las oquedades del puente Grao (donde ya no lo hace) y en taludes de la desembocadura del río Cubia.

28. Golondrina común

NOMBRE CIENTÍFICO: *Hirundo rustica*, del latín *hirundo*, golondrina, y *rusticus*, rural.

NOMBRE VERNÁCULO: Andarina.

COMÚN. Partes superiores negro-azulado y partes inferiores de suave leonado en los machos. Frente y garganta de un color granate muy marcado. Las hembras con dorso más apagado y pecho y vientre blanco. Plumas externas de la cola muy larga (90-130 mm), más en los machos que en las hembras. Los jóvenes tienen la mancha de la cara de color café con leche rosado. Cría en cuadras, casas abandonadas, horreos y paneras. Estival abundante.

NOMBRE CIENTÍFICO: *Phylloscopus collybita*, del griego *phullon*, hoja, y *skopos*, buscador, y del latín *collybista*, cambista de monedas (onomatopéyico por el canto semejante al ruido de las monedas al efectuar el cambio).

NOMBRE VERNÁCULO: Pío.

COMÚN. De tamaño pequeño con dorso pardo-verdoso y partes inferiores blancuzcas con matices amarillento-beige por los flancos. Patas oscuras. El ibérico (*Phylloscopus ibericus*) se distingue por lista superciliar más marcada y amarilla, dorso verdoso sin pardo y patas rojizas. El musical (*Phylloscopus trochilus*), por ser más estilizado, ceja pálida más larga y partes inferiores de garganta, pecho y flancos amarillas; patas color carne. Los tres son reproductores aunque el común es también invernante.

MOSQUITERO
MUSICAL

MOSQUITERO
COMÚN

30. Mito

NOMBRE CIENTÍFICO: *Aegithalus caudatus*, del griego *aigithalos*, herrerillo, y del latín *caudatus*, de cola larga.

NOMBRE VERNÁCULO: Rabullargo.

COMÚN. De tamaño pequeño con una larga cola que representa más de la mitad de todo el cuerpo. Franja blanca en la cabeza desde el pico a la nuca entre dos bandas negras. Dorso negro con escapulares rosáceas, partes inferiores sucias rosadas. Plumas de la cola externas blancas. Sedentario abundante.

31. Curruca capirotada

NOMBRE CIENTÍFICO: *Sylvia atricapilla*, del latín *sylvia*, de la selva, del bosque, *ater*, negro, y *capillus*, cabello, pelo.

NOMBRE VERNÁCULO: Papuda.

COMÚN. Macho con el dorso gris oliva, partes inferiores claras y capirote negro conspicuo. Hembra con manto marrón grisáceo y capirote castaño. Jóvenes de principio con capirote como la hembra, que va cambiando con el tiempo y completando el plumaje en el primer invierno. Sedentaria muy abundante, la población aumenta con invernantes.

32. Agateador común

NOMBRE CIENTÍFICO: *Certhia brachydactyla*, del griego *khertios*, ave pequeña que vive en los árboles, *barkhus*, corto, y *darktulus*, dedo.

NOMBRE VERNÁCULO: Subidor.

COMÚN. Ave trepadora de pequeño tamaño, color café moteado de blanco por el dorso, escalones en el ala muy marcados, partes inferiores y flancos grisáceo sucio. Pico largo, fino y curvado en la punta. Sedentario abundante.

33. Chochín común

NOMBRE CIENTÍFICO: *Troglodytes troglodytes*, del griego *troglodutes*, troglodita, cavernícola.

NOMBRE VERNÁCULO: Cerrica.

COMÚN. Uno de los pájaros más pequeños de la avifauna ibérica. Plumaje castaño rojizo con ala y cola barradas de negro. Ceja blanca, pico fino y cola corta. Sexos iguales, sedentario y abundante.

34. Mirlo acuático

NOMBRE CIENTÍFICO: *Cinclus cinclus*, del griego *kinklos*, ave de río citada por Aristóteles y Aristófanes.

NOMBRE CIENTÍFICO: Tordo de agua.

COMÚN. Pájaro buceador, barrigón, regordete, de plumaje oscuro por el dorso, pecho blanco desde la base del pico hasta el vientre. Cola corta, pico fino y sexos iguales. Sedentario común.

NOMBRE CIENTÍFICO: *Sturnius unicolor*, del latín *sturnus*, estornino, y *unicolor*, de color uniforme.

NOMBRE VERNÁCULO; Estornín.

COMÚN. Plumaje todo negro, con púrpura en época de reproducción y moteado de blanco en pecho y vientre en el invierno. Pico amarillo con base azulada en época de cría en el macho y rosa pálido claro en la hembra. Plumas largas en el mentón de los machos y más cortas en hembras y jóvenes. Reproductor abundante y residente durante todo el año. El estornino pinto (*Sturnus vulgaris*), también residente y menos abundante, se diferencia del estornino negro por tener el plumaje moteado profusamente de blanco (en época de cría le queda alguna mancha) y las patas de un rosa más apagado. Aumenta la población con invernantes y se les suele ver al atardecer, buscando el dormidero, en grandes bandos de cientos de individuos.

36. Mirlo común

NOMBRE CIENTÍFICO: *Turdus merula*, del latín *turdus*, tordo, y *merula*, mirlo.

NOMBRE VERNÁCULO: Tordo negro.

COMÚN. Macho totalmente negro con pico amarillo anaranjado y anillo ocular amarillo. Hembra pardo marrón oscuro con cuello y parte alta del pecho más claro, pico negruzco, a veces con mandíbula inferior amarillento sucio. Jóvenes parecidos a la hembra. Sedentario y muy abundante, la población aumenta con invernantes.

NOMBRE CIENTÍFICO: *Turdus iliacus*, del latín *turdus*, tordo, y de *iliacus*, relativo a los flancos.

NOMBRE VERNÁCULO: Tordo gallego.

ESCASO. Plumaje marrón claro en dorso, pecho blanquecino y barrado, mancha conspicua de color rojizo en flancos e infracoberteras alares, más visible en vuelo, marcada ceja blanca. Macho y hembra iguales. Invernante y migrante numeroso; dependiendo del año, en el invierno puede haber cientos; muy raro en verano.

38. Zorzal común

NOMBRE CIENTÍFICO: *Turdus philomelos*, del latín *turdus*, tordo, y del griego *philos*, amante, y *melos*, música.

NOMBRE VERNÁCULO: Malvís.

COMÚN. El zorzal más pequeño, Marrón claro por el dorso, partes inferiores blancas con tenue color ocre en el pecho, moteado abundante en forma de punta de flecha y cola corta. Jóvenes con el moteado más pálido y manchas beige en las puntas de coberteras mayores. Sexos iguales. Residente reproductor abundante, la población aumenta con invernantes.

NOMBRE CIENTÍFICO: *Erithacus rubecula*, del griego *erithakos*, enrojecer, ave citada por Aristóteles y Hesiquio de Alejandría como petirrojo, y del latín *ruber*, rojo.

NOMBRE VERNÁCULO: Reitana.

COMÚN. Partes superiores pardas e inferiores blancas con sucio en los flancos, Mancha característica anaranjada rojiza en cara, cuello y pecho. Sexos iguales, jóvenes sin mancha rojiza, moteado con ocre en el pecho y beige en las puntas de las coberteras mayores. Residente reproductor muy abundante, con fuerte incremento de invernantes.

JUV.

40. Colirrojo tizón

NOMBRE CIENTÍFICO: *Phoenicurus oschrurus*, del griego *phoinikos*, rojo y *ouros*, cola y de *okhros*, amarillo ocre y *ouros*, cola.

NOMBRE CIENTÍFICO: Reitana mora, temblarrabos.

COMÚN. Macho negro con mancha gris en la cabeza y banda blanca en las alas, cola rojo ladrillo con las plumas centrales oscuras. Hembra gris pardo oscuro en partes superiores y gris oscuro en las inferiores. Jóvenes parecidos a las hembras con plumaje más oscuro. Reproductor sedentario abundante.

♀

41. Tarabilla común

NOMBRE CIENTÍFICO: *Saxicola torquata*, del latín *saxun*, roca, y *cola*, habitante, que vive en, yde *torquatus*, con collar.

NOMBRE VERNÁCULO: Cagarrión.

COMÚN. Macho con cabeza negra con blanco en los lados del cuello, partes inferiores anaranjadas y superiores oscuras, con mancha blanca en coberteras. Hembra con dorso más claro, sin negro en la cabeza, sin mancha en coberteras y partes inferiores de anaranjado más tenue. Residente muy abundante. Acostumbra a posarse en estacas de cierre de fincas y posaderos muy a la vista.

42. Reyezuelo listado

NOMBRE CIENTÍFICO. *Regulus ignicapilla*, del latín *regulus*, rey, *ignis*, fuego, y *capillus*, con birrete.

NOMBRE VERNÁCULO: Reyín.

COMÚN. Ceja ancha y blanca, píleo naranja en los machos y amarilla en las hembras, bordeado de lista ancha negra y en los hombros una mancha de color bronce. Reside también otra especie, el reyezuelo sencillo (*regulus regulus*), que es el pájaro más pequeño de Europa, y que se diferencia del anterior sobre todo por no tener la ceja blanca. Ambos son residentes, reproductores y abundantes.

REYEZUELO
SENCILLO

REYEZUELO
LISTADO

NOMBRE VERNÁCULO: *Passer domesticus*, del latín *passer*, gorrión, y de *domesticus*, doméstico.

NOMBRE VERNÁCULO: Antiguamente lo llamaban zocón hoy en desuso.

COMÚN. El pájaro por excelencia, es el que da el nombre a toda la familia de los paseriformes (*passer*). Macho robusto de color castaño en el dorso, babero negro y franja marrón rojizo que va desde la nuca hasta el ojo, píleo gris y partes inferiores blanco sucio. Hembra gris ante indeterminado, los jóvenes iguales que las hembras. Se puede ver otro gorrión, el molinero (*Passer montanus*), que se diferencia del anterior por tener toda la cabeza castaño rojizo, una mancha negra en el carrillo y un babero negro muy corto. Ambos sexos, iguales. También el hábitat es distinto pues éste, como su nombre indica, normalmente no frecuenta ciudades.

44. Lavandera cascadeña

NOMBRE CIENTÍFICO: *Motacilla cinérea*, del latín *motacilla*, lavandera, y de *cinereus*, color ceniza.

NOMBRE VERNÁCULO: Monxa llavandera.

COMÚN. De color gris azulado por el dorso, alas negras, obispillo y partes inferiores amarillos, garganta negra en el macho en época de cría y bigotera blanca que la delimita. Las hembras, con garganta moteada y menos amarillo en partes inferiores. Jóvenes como las hembras, partes inferiores menos amarillas y más pálidas, con pardusco en el dorso. Frecuenta ríos y arroyos, sedentaria abundante.

NOMBRE CIENTÍFICO: *Motacilla alba*, del latín *motacilla*, lavandera, y *albus*, blanca.

NOMBRE VERNÁCULO: Monxa.

COMÚN. Esbelta, de cola larga, macho con píleo, nuca y babero negros, con frente y cuello blancos, resto de plumaje en dorso y alas gris y blanco, con partes inferiores blancas con algo de sucio en los flancos; las hembras con el negro más tenue. Jóvenes con el plumaje más sucio que los adultos y con las partes blancas algo amarillo sucio. Residente reproductor abundante.

JUV.

46. Pinzón común

NOMBRE CIENTÍFICO: *Fringilla coelebs*, del latín *fringilla*, pájaro pequeño, citado por varios por varios autores (Varro, Valerio, Marcial) que lo relacionan unos con el petirrojo y otros con el pinzón, y de *caelebs*, célibe, soltero.

NOMBRE VERNÁCULO : Pinzón.

COMÚN. Macho con cara y partes inferiores rosa anaranjado, dorso marrón rojizo, cabeza, píleo y nuca gris azulado, frente negra, obispillo verdoso y mancha en hombro y coberteras mayores. Hembra más pálida con dorso pardo verdoso, partes inferiores grises cabeza marrón y manchas en coberteras color beige claro no blanco. Residente abundante.

NOMBRE CIENTÍFICO: *Phyrrula phyrrula*, del griego *phurroulas*, ave comedora de insectos.

NOMBRE VERNÁCULO: Picaflora.

MEDIO. Macho con pico corto y robusto de color negro, capirote y píleo también negros, alas negras con marcada franja blanca, dorso gris, pecho y partes inferiores rojo en los machos y beige en las hembras. Jóvenes parecidos a las hembras. Reproductor y residente abundante. Frecuenta huertos con frutales, avellanedas y campiñas.

48. Jilguero

NOMBRE CIENTÍFICO: *Carduelis carduelis*, del latín *cardus*, cardo.

NOMBRE VERNÁCULO: Jilguero.

COMÚN. Fringílido menudo de pico largo color marfil y partes superiores color marrón claro, alas negras con conspicua franja amarilla, careta roja que en el macho sobrepasa ligeramente el ojo, cara blanca y banda negra desde el píleo al cuello; escapulares, lados del pecho y flancos de color beige; jóvenes sin careta roja. Residente muy abundante.

JUV.

NOMBRE CIENTÍFICO: *Carduelis spinus*, del latín *cardus*, cardo, y *spinus*, espina, ave mencionada por Aristófanes no identificada que podría ser el pinzón.

NOMBRE VERNÁCULO: Canario mozambique.

MEDIO. Jilguero de pequeño tamaño (12 cm) macho verde amarillo, con dorso pardo verdoso y con frente y babero negros, vientre blanco con flancos también blancos pero listados de negro, alas negras con banda amarilla, cola también negra. Hembra con plumaje más conspicuo que el macho, del que se distingue sobre todo por carecer de frente y babero negro. Los jóvenes pálidos y rayados. Invernante de octubre a marzo.

50. Pardillo común

NOMBRE CIENTÍFICO: *Linaria cannabina*, del latín *linum*, lino, y *cannabinus*, cáñamo.

NOMBRE VERNÁCULO: Pardo.

MEDIO. Macho con manchas rojas en píleo y pecho, más apagado fuera de la época de cría, cabeza gris con ojeras blancas, dorso marrón y flancos sucios de marrón bermejo. Hembra sin rojo con dorso parduzco y pecho y flancos rayados. Residente abundante.

JUV.

♂

♀

NOMBRE CIENTÍFICO: *Serinus serinus*, del francés *serin*, canario.

NOMBRE VERNÁCULO: Verderín.

MEDIO. El más pequeño de los fringílidos (11 cm), Macho amarillo en cabeza, pecho y obispillo, dorso y píleo verdoso, vientre y flancos blancos rayados de negro, alas con banda fina amarilla. Hembra más apagada con cabeza rayada. Jóvenes con plumaje beige y obispillo rayado. Residente abundante.

52. Verderón común

NOMBRE CIENTÍFICO: *Chloris chloris*, del griego *chloros*, verde.

NOMBRE VERNÁCULO: **Verdón**.

MEDIO. El más grande de los fringílidos, cabezón con pico robusto, plumaje verde con amarillo en las retrices externas y base de las primarias; escapulares y cuello grisáceos. Hembra más apagada y con menos amarillo. Residente abundante.